# Inhalt

# WENN STERNENSTAUB IN EINER BAR SITZT UND EIN BIER TRINKT

100 Memes

---

MISHA SOMMER

Wenn Sternenstaub in einer Bar sitzt und ein Bier trinkt

100 Memes

Misha Sommer

Erstausgabe
Dies ist die 1. Auflage, Januar 2022
Taschenbuch

Coverbild: «Home»: Misha Sommer
Lektorat / Publikation: anteprimus.com

Weitere Memes auf Instagram: @thisfakeuniverse
Über Misha Sommer: mishasommer.com
Anfragen an: books@anteprimus.com


ISBN 978-3-9525584-1-6

9 783952 558416 >

Bisher sind von Misha Sommer folgende Bücher erschienen:

Das hier vorliegende Buch ist als eBook (978-3-9525584-0-9), Taschenbuch (978-3-9525584-1-6) sowie als gebundene Ausgabe (978-3-9525584-2-3) erhältlich. Ausserdem sind von Misha Sommer neben diesem Buch bisher folgende Veröffentlichungen erschienen:

**Das abgefahrenste Philosophiebuch der Welt: Warum wir eine 2. Epoche der Aufklärung benötigen (Sachbuch)**

eBook: 978-3-033-08492-6
Taschenbuch: 978-3-033-08494-0
gebundene Ausgabe: 978-3-9525443-5-8

**Draussen auf den Dünen vergisst man es keinen Augenblick (Roman)**

eBook: 978-3-9525443-3-4
Taschenbuch: 978-3-9525443-4-1
gebundene Ausgabe: 978-3-9525443-6-5

**Im Land der windschiefen Bäume (Gedichte)**

eBook: 978-3-9525443-7-2
Taschenbuch: 978-3-9525443-8-9
gebundene Ausgabe: 978-3-9525443-9-6

Anfragen an: books@anteprimus.com

# Vorwort

MEMES SIND ALLGEGENWÄRTIG. DIE ÖFFENTLICHKEIT NIMMT heutzutage vor allem viral gehende Internet-Erscheinungen als Memes wahr. Dies ist aber nur die Spitze des Eisbergs. Denn die Internet-Memes, welche oft als Text-Bild-Kombinationen (z.B. «Hide the Pain Harold») durchs Web geistern, sind lediglich eine mögliche Ausprägungsart von vielen. Letztlich ist jede Informationsübertragung im Sinne von Gedanken, Wissenschaften, Ideen, Ritualen, etc. auch ein Meme. Auch jegliche Kunst, ob nun als «gut» oder «schlecht» empfunden, ist ein Meme. Memes sind Antizipation, schreibt denn auch Richard Dawkins in seinem Buch «Das egoistische Gen». Er zeigt auf, wie Memes unsere Gesellschaft beeinflussen, uns Ideen liefern und den Fortschritt und Umbrüche einleiten, uns auch voranbringen können (z.B. die Idee «Nahrungsmittel anbauen statt als Jäger und Sammler durch die Landschaft ziehen» oder «fliegen können wie ein Vogel» oder «die Umwelt schützen» oder «statt Tauschhandel eine Währung einführen»).

Die Ausgangslage für mein damaliges Sachbuch («Das abgefahrenste Philosophiebuch der Welt: Warum wir eine 2. Epoche der Aufklärung benötigen») war nicht der Gedanke an Memes, sondern die Frage, wie wir das Weltall wahrnehmen. Doch im Laufe meiner Recherchen und Überlegungen stiess ich auch auf die Memes, fand überraschende und wichtige Zusammenhänge. Diese habe ich eingehend in meinem Philosophiebuch dargelegt. Eine Frage, die mich hierbei beschäftigte, war: Wie sollte ein Meme beschaffen sein, um auf das Weltall aufmerksam zu machen? So kam ich auf unerwartete Antworten. Unter anderem spielen die Flacherdler (Leute, die an eine flache Erde glauben) eine Rolle. Nur vermutlich anders, als sie es gerne hätten.

Im Dezember 2020 habe ich einen neuen Instagram-Kanal eröffnet. Dort veröffentliche ich meine eigenen «Memes» mit Aussagen rund um das Weltall. Der Profilname ist bewusst provokant gewählt: @thisfakeuniverse. Hierbei geht es mir jedoch keineswegs darum, dem Universum seine Existenz abzusprechen. Freilich existieren Therien darüber, was das Universum sein könnte. Der Philosoph Nick Bostrom hält es für möglich, dass unsere Welt eine Simulation sei. Gewisse Astronomen unterstützen die Theorie der Multiversen oder die Hypothese, dass das Universum ein riesiger Quantencomputer sei. Das All bleibt trotz aller Bilder der NASA abstrakt für uns. Auf meiner Webseite (thisfakeuniverse.com) schreibe ich: «Nein, das Universum ist kein Fake. Aber irgendwie eben doch. Wir leben auf einem Planeten. Man kennt es. Aber wissen wir wirklich Bescheid? Vergegenwärtigen wir uns diesen Umstand wirklich oder wissen wir es nur, ohne es uns vorzustellen? Die Aussagen auf dem Instagram-Account ***This Fake Universe*** klingen auf den ersten Blick banal. Aber sind sie es wirklich?»

Ich möchte gängige Sichtweisen aufbrechen und stelle scheinbar Normales in Frage. Es kann lohnend sein, wenn wir uns mehr mit dem Universum auseinandersetzen — fernab von Floskeln und Binsenweisheiten oder aber dann mit einem ironischen Blick auf diese. Dies führt uns nicht zuletzt auch zurück auf uns selbst. In diesem Sinne wünsche ich Ihnen viel Lesevergnügen.

*Misha, Sommer, Dezember 2021*

Abbildung 1: Meme von Misha Sommer, für die Erstellung des Memes verwendetes Foto: NASA (1972)

Abbildung 2: Meme von Misha Sommer, für die Erstellung des Memes verwendetes Foto: Pixabay (2016)

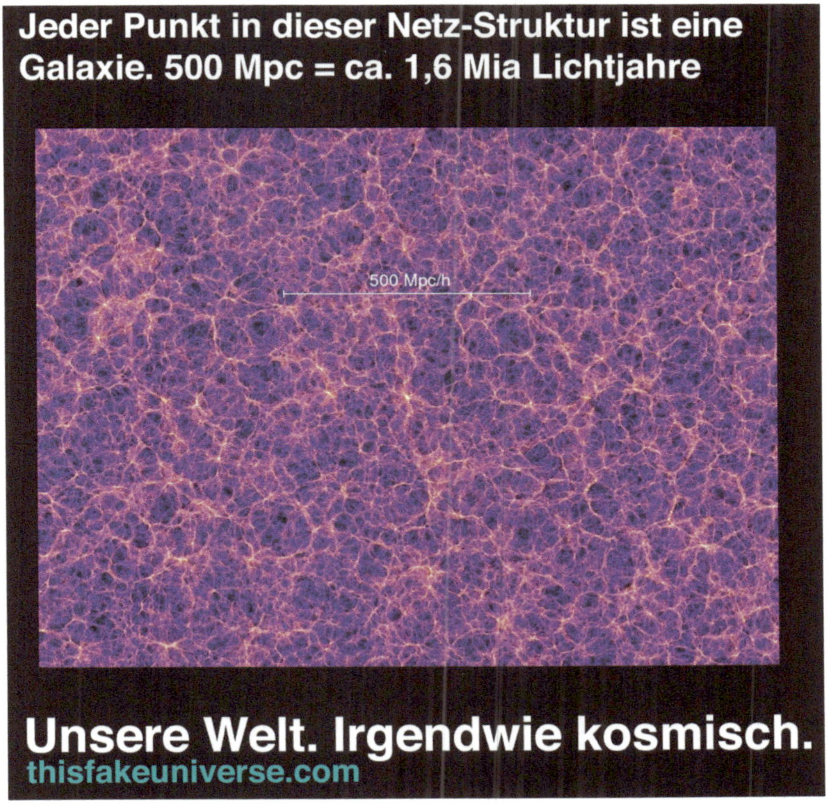


Abbildung 3: Meme von Misha Sommer, für die Erstellung des Memes verwendetes Foto: Springel et al. (2005) in: Max Planck-Institut für Astrophysik (2005)

Abbildung 4: Meme von Misha Sommer, für die Erstellung des Memes verwendetes Foto: Francis (2017)

Abbildung 5: Meme von Misha Sommer, für die Erstellung des Memes verwendetes Foto: NASA (1980)

Abbildung 6: Meme von Misha Sommer, für die Erstellung des Memes verwendetes Foto: Pixabay (2017)

Abbildung 7: Meme von Misha Sommer, für die Erstellung des Memes verwendetes Foto: photoglob.ch (ohne Jahr)

Abbildung 8: Meme von Misha Sommer, für die Erstellung des Memes verwendetes Foto: Ackles (2020)

Abbildung 9: Meme von Misha Sommer, für die Erstellung des Memes verwendetes Foto: Saint John Astronomy Club (2017)

Abbildung 10: Meme von Misha Sommer, für die Erstellung des Memes verwendetes Foto: ESA (2010):

Abbildung 11: Meme von Misha Sommer, für die Erstellung des Memes verwendetes Foto: Suter (2019)

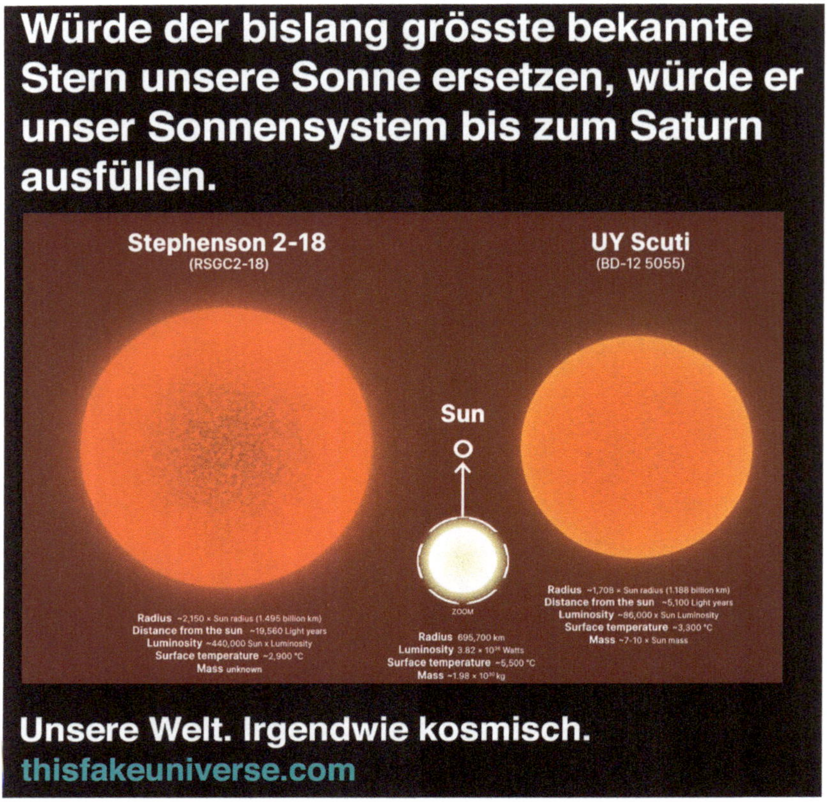


Abbildung 12: Meme von Misha Sommer, für die Erstellung des Memes verwendetes Foto: , The Bendu Order (2020)

Abbildung 13: Meme von Misha Sommer, für die Erstellung des Memes verwendetes Foto: Smith und Generosa (2005)

Abbildung 14: Meme von Misha Sommer, für die Erstellung des Memes verwendetes Foto: M'Siouri, Amine (2015)

Abbildung 15: Meme von Misha Sommer, für die Erstellung des Memes verwendetes Foto: valdazf (2017):

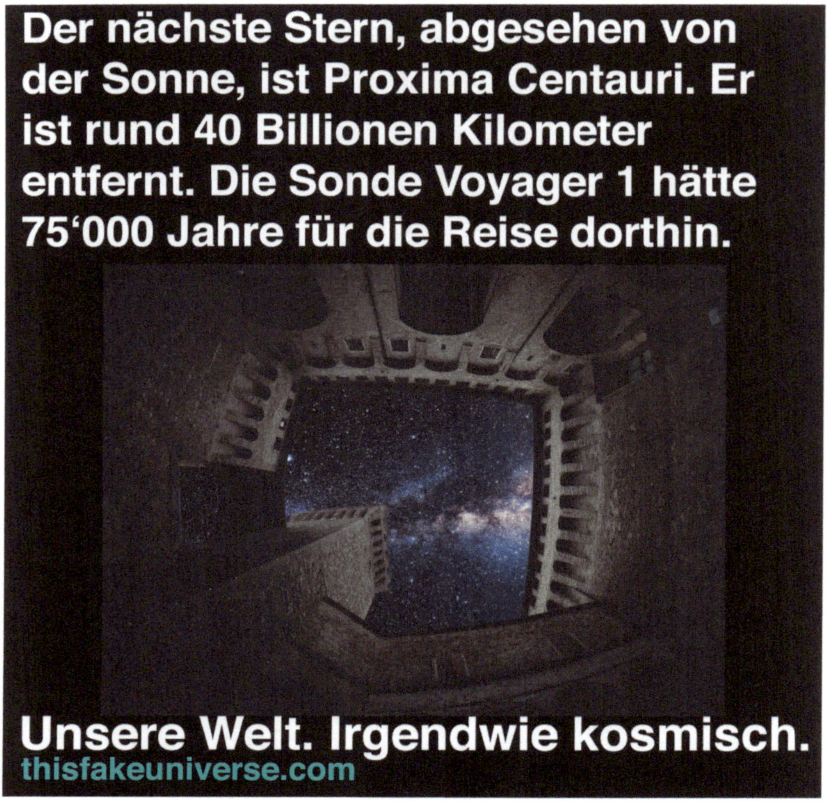


Abbildung 16: Meme von Misha Sommer, für die Erstellung des Memes verwendetes Foto: Ivanov (2018)

Abbildung 17: Meme von Misha Sommer, für die Erstellung des Memes verwendetes Foto: Fietz (2019)

Abbildung 18: Meme von Misha Sommer, für die Erstellung des Memes verwendetes Foto: NASA (1968)

Abbildung 19: Meme von Misha Sommer, für die Erstellung des Memes verwendetes Foto: Gic (2014)

Abbildung 20: Meme von Misha Sommer, für die Erstellung des Memes verwendetes Foto: Kerckx (ohne Jahr)

Abbildung 21: Meme von Misha Sommer, für die Erstellung des Memes verwendetes Foto: Walkerssk (ohne Jahr)

Abbildung 22: Meme von Misha Sommer, für die Erstellung des Memes verwendetes Foto: Pascual (2018)

Abbildung 23: Meme von Misha Sommer, für die Erstellung des Memes verwendetes Foto: discovery.sndimg.com (ohne Jahr)

Abbildung 3: Meme von Misha Sommer, für die Erstellung des Memes verwendetes Foto: Zoltan, K (2017)

Abbildung 25: Meme von Misha Sommer, für die Erstellung des Memes verwendetes Foto: Nasa/JPL/Cornell University (ohne Jahr)

Abbildung 26: Meme von Misha Sommer, für die Erstellung des Memes verwendetes Foto: Kovalev (2019)

Abbildung 27: Meme von Misha Sommer, für die Erstellung des Memes verwendetes Foto: Pixabay (2016, 2)

Abbildung 28: Meme von Misha Sommer, für die Erstellung des Memes verwendetes Foto: NASA (2010)

Abbildung 29: Meme von Misha Sommer, für die Erstellung des Memes verwendetes Foto: Burdyka, Valeria (ohne Jahr)

Abbildung 30: Meme von Misha Sommer, für die Erstellung des Memes verwendetes Foto: Photoglob (ohne Jahr)

Abbildung 31: Meme von Misha Sommer, für die Erstellung des Memes verwendetes Foto: Pixabay (2016, 3)

Abbildung 32: Meme von Misha Sommer, für die Erstellung des Memes verwendetes Foto: Big_Heart (2017)

Abbildung 33: Meme von Misha Sommer, für die Erstellung des Memes verwendetes Foto: Sayles (2019)

Abbildung 34: Meme von Misha Sommer, für die Erstellung des Memes verwendetes Foto: Free-Photos (ohne Jahr)

Abbildung 35: Meme von Misha Sommer, für die Erstellung des Memes verwendetes Foto: Shevtsova (2018)

Abbildung 36: Meme von Misha Sommer, für die Erstellung des Memes verwendetes Foto: Silver (2014)

Abbildung 37: Meme von Misha Sommer, für die Erstellung des Memes verwendetes Foto: Saranin, Artem (2018)

Abbildung 38: Meme von Misha Sommer, für die Erstellung des Memes verwendetes Foto: Scramgnon (ohne Jahr)

Abbildung 39: Meme von Misha Sommer, für die Erstellung des Memes verwendetes Foto: Plenio, Johannes (2018):

Abbildung 40: Meme von Misha Sommer, für die Erstellung des Memes verwendetes Foto: Pixabay (ohne Jahr, 2)

Abbildung 41: Meme von Misha Sommer, für die Erstellung des Memes verwendetes Foto: Cifruktus (ohne Jahr):

Abbildung 42: Meme von Misha Sommer, für die Erstellung des Memes verwendetes Foto: Vera (2018)

Abbildung 43: Meme von Misha Sommer, für die Erstellung des Memes verwendetes Foto: SpaceX (2017):

Abbildung 44: Meme von Misha Sommer, für die Erstellung des Memes verwendetes Foto: Tatiana (2017):

Abbildung 45: Meme von Misha Sommer, für die Erstellung des Memes verwendetes Foto: NASA (1969)

Abbildung 46: Meme von Misha Sommer, für die Erstellung des Memes verwendetes Foto: Ungaro, (2020)

Abbildung 47: Meme von Misha Sommer, für die Erstellung des Memes verwendetes Foto: NASA (1968)

Abbildung 48: Meme von Misha Sommer, für die Erstellung des Memes verwendetes Foto: NASA (1972, 3):

Abbildung 49: Meme von Misha Sommer, für die Erstellung des Memes verwendetes Foto: NASA (1972, 2):

Abbildung 50: Meme von Misha Sommer, für die Erstellung des Memes verwendetes Foto: Amé (2020)

Abbildung 51: Meme von Misha Sommer, für die Erstellung des Memes verwendetes Foto: Cook (ohne Jahr)

Abbildung 52: Meme von Misha Sommer, für die Erstellung des Memes verwendetes Foto: NASA (2002)

Abbildung 53: Meme von Misha Sommer, für die Erstellung des Memes verwendetes Foto: Pro (2015)

Abbildung 54: Meme von Misha Sommer, für die Erstellung des Memes verwendetes Foto: Dimitrov (2019)

Abbildung 55: Meme von Misha Sommer, für die Erstellung des Memes verwendetes Foto: Szelei (ohne Jahr)

Abbildung 56: Meme von Misha Sommer, für die Erstellung des Memes verwendetes Foto: Kasuma (ohne Jahr):

Abbildung 57: Meme von Misha Sommer, für die Erstellung des Memes verwendetes Foto: Grossgasteiger (2018)

Abbildung 58: Meme von Misha Sommer, für die Erstellung des Memes verwendetes Foto: Casey (2018)

Abbildung 59: Meme von Misha Sommer, für die Erstellung des Memes verwendetes Foto: Olson (2021)

Abbildung 60: Meme von Misha Sommer, für die Erstellung des Memes verwendetes Foto: Dodd (2018)

Abbildung 61: Meme von Misha Sommer, für die Erstellung des Memes verwendete Fotos: heise (2016), NASA (1998), NASA (2007), NASA (2008)

Abbildung 62: Meme von Misha Sommer, für die Erstellung des Memes verwendetes Foto: Pixabay (2016, 4)

Abbildung 63: Meme von Misha Sommer, für die Erstellung des Memes verwendetes Foto: Pixabay (2016)

Abbildung 64: Meme von Misha Sommer, für die Erstellung des Memes verwendetes Foto: NASA (2018)

Abbildung 65: Meme von Misha Sommer, für die Erstellung des Memes verwendetes Foto: Greg (2021)

Abbildung 66: Meme von Misha Sommer, für die Erstellung des Memes verwendetes Foto: Pixabay (2016, 6)

Abbildung 67: Meme von Misha Sommer, für die Erstellung des Memes verwendetes Foto: Van Dijk (2020)

Abbildung 68: Meme von Misha Sommer, für die Erstellung des Memes verwendetes Foto: Butz (ohne Jahr)

Abbildung 69: Meme von Misha Sommer, für die Erstellung des Memes verwendetes Foto: tomchill (ohne Jahr)

Abbildung 70: Meme von Misha Sommer, für die Erstellung des Memes verwendetes Foto: Mashkov (2020)

Abbildung 71: Meme von Misha Sommer, für die Erstellung des Memes verwendetes Foto: SpaceX (2015)

Abbildung 72: Meme von Misha Sommer, für die Erstellung des Memes verwendetes Foto: qimono (ohne Jahr)

Abbildung 73: Meme von Misha Sommer, für die Erstellung des Memes verwendetes Foto: NASA (2013)

Abbildung 74: Meme von Misha Sommer, für die Erstellung des Memes verwendetes Foto: NASA (2021)

Abbildung 75: Meme von Misha Sommer, für die Erstellung des Memes verwendetes Foto: Wulschlaeger (2020)

Abbildung 76: Meme von Misha Sommer, für die Erstellung des Memes verwendetes Foto: Bjørkli (2018)

Abbildung 77: Meme von Misha Sommer, für die Erstellung des Memes verwendetes Foto: Valera268268 (ohne Jahr)

Abbildung 78: Meme von Misha Sommer, für die Erstellung des Memes verwendetes Foto: Rie (2020)

Abbildung 79: Meme von Misha Sommer, für die Erstellung des Memes verwendetes Foto: Seshappan (2021)

Abbildung 80: Meme von Misha Sommer, für die Erstellung des Memes verwendetes Foto: Goulson (2019):

Abbildung 81: Meme von Misha Sommer, für die Erstellung des Memes verwendetes Foto: Grossgasteiger (2019)

Abbildung 82: Meme von Misha Sommer, für die Erstellung des Memes verwendetes Foto: Chou (2018)

Abbildung 83: Meme von Misha Sommer, für die Erstellung des Memes verwendetes Foto: Whelen (2021)

Abbildung 84: Meme von Misha Sommer, für die Erstellung des Memes verwendetes Foto: Cornelissen (2019)

Abbildung 85: Meme von Misha Sommer, für die Erstellung des Memes verwendetes Foto: Ales (2020)

Abbildung 86: Meme von Misha Sommer, für die Erstellung des Memes verwendetes Foto: Von Werne (2021)

Abbildung 87: Meme von Misha Sommer, für die Erstellung des Memes verwendetes Foto: Petersson (2018)

Abbildung 88: Meme von Misha Sommer, für die Erstellung des Memes verwendetes Foto: Suter (2019, 2)

Abbildung 89: Meme von Misha Sommer, für die Erstellung des Memes verwendetes Foto: Chevanon Photography (2017)

Abbildung 90: Meme von Misha Sommer, für die Erstellung des Memes verwendetes Foto: Pixabay (2017, 2)

Abbildung 91: Meme von Misha Sommer, für die Erstellung des Memes verwendetes Foto: Volz (2018)

Abbildung 92: Meme von Misha Sommer, für die Erstellung des Memes verwendetes Foto: Plenio (2018, 2)

Abbildung 93: Meme von Misha Sommer, für die Erstellung des Memes verwendetes Foto: Chevanon Photography (2017):

Abbildung 94: Meme von Misha Sommer, für die Erstellung des Memes verwendetes Foto: Roseclay (2018)

Abbildung 95: Meme von Misha Sommer, für die Erstellung des Memes verwendetes Foto: Grisenti (2020)

Abbildung 96: Meme von Misha Sommer, für die Erstellung des Memes verwendetes Foto: Lacy (2019)

Abbildung 97: Meme von Misha Sommer, für die Erstellung des Memes verwendetes Foto: Pixabay (2016, 8)

Abbildung 98: Meme von Misha Sommer, für die Erstellung des Memes verwendetes Foto: D'Arby (2020)

Abbildung 99: Meme von Misha Sommer, für die Erstellung des Memes verwendetes Foto: Life of Pix (2015)

Abbildung 100: Meme von Misha Sommer, für die Erstellung des Memes verwendetes Foto: Pixabay (2016, 7)

# Buchtipp Nr. 1

**Das abgefahrenste Philosophiebuch der Welt (Sachbuch)**

eBook: 978-3-033-08492-6
Taschenbuch: 978-3-033-08494-0
gebundene Ausgabe: 978-3-9525443-5-8

# Buchtipp Nr. 2

**Draussen auf den Dünen vergisst man es keinen Augenblick (Roman)**

eBook: 978-3-9525443-3-4
Taschenbuch: 978-3-9525443-4-1
gebundene Ausgabe: 978-3-9525443-6-5

# Buchtipp Nr. 3

**Im Land der windschiefen Bäume (Gedichte)**

eBook: 978-3-9525443-7-2
Taschenbuch: 978-3-9525443-8-9
gebundene Ausgabe: 978-3-9525443-9-6

# Anmerkungen

**Zu meinen 100 Memes im Allgemeinen:**

Generell sind meine Aussagen in den Memes bewusst verkürzt und pointiert formuliert. Ich liebe die Astronomie und die Naturwissenschaften, aber ich bin ein Laie. So kann es durchaus vorkommen, dass einige der Angaben in meinen Memes ungenau oder sogar falsch sind. Alle Daten sind daher ohne Gewähr. Bitte lesen Sie die Fakten nach und informieren Sie sich selbst aus erster Quelle. Je mehr wir hinterfragen und begreifen, desto besser. Ganz im Sinne einer Zweiten Aufklärung, wie ich sie in meinem Philosophiebuch fordere («Das abgefahrenste Philosophiebuch der Welt»). Für spannende Space-Fakten empfehle ich z.B. die TV-Sendereihe «alpha-Centauri» mit Professor Harald Lesch, der u.a. an der Ludwig-Maximilians-Universität München Physik lehrt.

**Zu Meme Nr. 3: «Jeder Punkt in dieser Netz-Struktur ist eine Galaxie. 500 Mpc = ca. 1,6 Mia Lichtjahre.»**

Quelle:

https://wwwmpa.mpa-garching.mpg.de/galform/virgo/millennium/index.shtml

• • •

**Zu Meme Nr. 5: «Das ist nicht Saturn.»**

Nein, das ist nicht Saturn. Zunächst sei auf René Magritte und sein «Ceci n'est pas une pomme» verwiesen. Ausserdem beziehe ich mich auf die kanonischen Bilder, konkret in diesem Fall: Falschfarbenbilder. In meinem Philsophiebuch erläutere ich die Thematik und die «Kritik» an gewissen wissenschaftlichen Bildern, welche zwar nicht falsch sind, aber uns Laien, wenn wir uns damit nicht genauer befassen, auch in die Irre führen können.

**Zu Meme Nr 12: «Würde der bislang grösste bekannte Stern unsere Sonne ersetzen, würde er unser Sonnensystem bis zum Saturn ausfüllen.»**

Stephenson 2-18 ist wirklich sehr, sehr gross. Vielleicht würde er sogar noch weiter reichen als bis zum Saturn. So genau weiss man das nicht. Quelle:

https://www.astronews.com/frag/antworten/5/frage5298.html

**Zu Meme Nr. 14: «Es gibt mehr Sterne als Sandkörner in allen Wüsten der Erde zusammen. Die höchsten Dünen sind über 300 m hoch, aufgeschichtete Sonnen.»**

Es gibt hierzu unterschiedliche Berechnungen. Einige besagen, dass es «lediglich» mehr Sterne gibt als Sandkörner an allen Stränden der Welt. Aber das allein wäre dann ja auch schon ziemlich beeindruckend.

- Diese Quelle sagt: ja, es gibt mehr Sterne als Sandkörner in allen Wüsten und an allen Stränden der Welt: http://edition.cnn.com/2003/TECH/space/07/22/stars.survey
- Diese Quelle sagt, es gibt immerhin ebenso viele Sterne wie Sand am Meer: https://www.rnz.de/wissen/wissenschaft-regional_artikel,-Wissenschaft-Regional-Es-gibt-fast-so-viele-Sterne-wie-Sand-am-Meer-_arid,284498.html
- Diese Quelle sagt: nein, es gibt mehr Sandkörner als Sterne:

https://www.welt.de/wissenschaft/weltraum/article7068474/Hobby-Astronom-widerlegt-die-Sandkorn-These.html

**Zu Meme Nr. 15: «Chili: 4'000 / Apfel: 30'000 / Banane: 400 / Reis: 100'000 / Kakao: 13'000 / Kaffee: 90 / usw. Einige Beispiele für die Anzahl Sorten auf Planet Nr. 3 im Sonnensystem.»**

Die Zahlen sind gerundet. Zum Kakao: Vermutlich stammen alle Varianten letztlich von den Grundtypen Criollo und Forastero ab. Daraus haben sich dann unzählige Untersorten gebildet.

Quellen:

http://www.schokomaps.com/kakaosorten-ein-uberblick/

https://chilipflanzen.com/chilisorten/

https://www.planet-wissen.de/gesellschaft/lebensmittel/aepfel_vom_paradies_in_jede_obstschale/pwieapfelsorten100.html

https://www.planet-wissen.de/gesellschaft/lebensmittel/bananen/pwiedievierbekanntestenbananensorten100.html

https://rauwolf-coffee.at/kaffeewissen/kaffeesorten

**Zu Meme Nr. 16: «Der nächste Stern, abgesehen von der Sonne, ist Proxima Centauri. Er ist rund 40 Billionen Kilometer entfernt. Die Sonde Voyager 1 hätte 75'000 Jahre für die Reise dorthin.»**

Quelle:

https://www.watson.ch/wissen/raumfahrt/335826608-ab-nach-proxima-b-aber-wie-kommt-man-dahin-und-wie-lange-dauert-die-reise

**Zu Meme Nr. 21: «Diese Stadt kreist mit über 100'000 km/h um einen Stern.»**

Pro Tag legt die Erde ungefähr 2.57 Millionen km zurück. Sie dreht sich zudem mit 1000 Stundenkilometern um sich selbst.

Quelle: https://www.unifr.ch/universitas/de/ausgaben/2017-2018/angst/weshalb-spueren-wir-nicht-dass-die-erde-sich-dreht.html

Quelle: https://www.geo.de/wissen/weltall/18177-rtkl-endlich-verstehen-warum-merken-wir-nichts-davon-dass-die-erde-mit-mehr-als

Quelle: https://de.wikipedia.org/wiki/Erdbahn

**Zu Meme Nr. 23: «Was für uns der T.Rex ist, war für den T.Rex der Stegosaurus. Seit über 60 Mio Jahren ausgestorben.»**

Ein Video des YouTube-Kanals VSauce befasste sich mit unserer Wahrnehmung zur Zeit. Darin wurde auch der Vergleich mit den beiden Sauriern erwähnt. Hier die Episode: https://www.youtube.com/watch?v=zHL9GP_B30E&t=571s

**Zu Meme Nr. 31: «Auf einem Gestirn zu leben, ist die normalste Sache der Welt.»**

Ja, ein Gestirn ist ein Stern. Und ein Planet ist kein Stern. Wir leben auf einem Planeten, nicht auf einem Gestirn. Aber wir sind alle, verkürzt gesagt, vom selben Stern: der Sonne.

Vor allem aber ist dieser Satz in meinem Meme eine Hommage an Max Frisch. Denn ohne den folgenden Text von ihm gäbe es u.a. dieses Meme-Buch nicht. Mich hat damals, vor Jahren, dieser Satz sehr beeindruckt und dazu geführt, dass ich mich weiter mit der Frage befasst habe, wie wir das Weltall wahrnehmen:

> «Wanderung nach Keitum. Die ersten Bäume seit Wochen; was wir Landschaft nennen: das grüne Vergessen, dass wir auf einem Gestirn wohnen. Draussen auf den Dünen vergisst man es keinen Augenblick.» Max Frisch, Tagebuch 1946 - 1949.

**Zu Meme Nr. 38: «Deneb leuchtet 250'000mal heller als die Sonne.»**

Die Angaben variieren zwischen 200’000 und 300’000. Die goldene Mitte von 250’000 bietet die Sternwarte Eberfing an:

Quelle:

http://www.sternwarte-eberfing.de/Aktuell/2015/August/August2015.html

**Zu Meme Nr. 45: «380'000 Kilometer gereist, um einen Fussabdruck im Staub zu hinterlassen.»**

Die Distanz zwischen Erde und Mond variiert, da sich der Mond in einer elliptischen Bahn um die Erde bewegt. So schwankt der Wert ungefähr zwischen 359'000 km und 405'000 km.

Quelle: https://www.mdr.de/wissen/foto-so-weit-sind-erde-und-mond-voneinander-entfernt-100.html

Abbildung: Der Abstand zwischen Mond und Erde beträgt 359'000-405'000 km. Fotografiert von der Sonde Osiris-REx. Quelle: NASA in: mdr.de (2018)

**Zu Meme Nr. 49: «Hier war seit 49 Jahren keiner mehr.»**

49 Jahre in Bezug auf das Jahr 2021. Die bis dato letzte bemannte Mondmission fand im Jahr 1972 statt. Quelle: https://de.wikipedia.org/wiki/Apollo_17

**Zu Meme Nr. 54: «Ein Lavendelfeld im Laniakea-Superhaufen.»**

Die kosmischen Strukturen sind komplex. Unser Sonnensystem befindet sich im Orion-Arm der Milchstrasse. Man schätzt, dass es etwa eine Billion weitere Galaxien gibt. Die Galaxien bilden noch grössere Strukturen: die Superhaufen. Jenen, in dem wir uns befinden, haben die Forscher nun Laniakea-Superhaufen genannt. Die übergeordnete Anordnung von Galaxien und Superhaufen ist eine netzartige Struktur: sogenannte Filamente und Voids.

Quellen:

https://www.spiegel.de/wissenschaft/weltall/milchstrasse-laniakea-superhaufen-ist-kosmische-heimat-a-989633.html

https://www.geo.de/wissen/weltall/23994-rtkl-die-milchstrasse-antworten-auf-die-grossen-fragen-zu-unserer-galaxie

**Zu Meme Nr. 55: «Wenn 1.234 Trillionen Liter Wasser an einer Steinkugel haften.»**

Quellen:

https://toogoodtogo.ch/de-ch/movement/knowledge/the-water-crisis

https://earthhow.com/how-much-water-is-on-earth/

**Zu Meme Nr. 63: «Weil in 150 Kilometern Entfernung gerade Wasserstoff zu Helium verschmilzt, blüht diese Wiese.»**

Die Distanz zwischen der Erde und der Sonne variiert, da wir uns in einer nicht perfekten Ellipse um das Zentralgestirn bewegen. Der Abstand variiert zwischen 147 Millionen km und 152 Millionen km.

Quelle: https://www.dlr.de/next/desktopdefault.aspx/tabid-6539/10747_read-24235/

**Zu Meme Nr. 64: «Wow! Rar. 21.12.21. Otto neben Anna: *Vitaler Nebel mit Sinn ist im Leben relativ.*»**

Ein Palindrom ist ein Wort (oder ein Satz), welches die gleiche Bedeutung hat, unabhängig davon, ob man es von vorne oder von hinten liest. Den Palindrom-Satz in meinem Meme habe ich nicht selbst erfunden, sondern von hier: https://de.wikipedia.org/wiki/Liste_deutscher_Palindrome

**Zu Meme Nr. 67: «150 Mio Jahre BC: Der schlimmste Räuber wandelt auf Erden. Menschheit: Hold my beer.»**

Der Tyrannosaurus Rex lebte in der Kreidezeit (vor 145 Mio Jahren) und starb vor ca. 60 Mio Jahren aus. Lassen wir uns rasch die folgende Zahl auf der Zunge zergehen: Die Dinosaurier lebten während 187 Millionen Jahren auf der Erde.

Quelle: https://www.sueddeutsche.de/muenchen/dinosaurier-wann-t-rex-und-seine-artgenossen-lebten-1.3983967

**Zu Meme Nr 75: «Ein Planet im Schlepptau der Sonne.»**

Wir kennen das heliozentrische Weltbild, in welchem die Planeten um die Sonne kreisen. Jedoch ebenso zutreffend ist, dass auch die Sonne sich relativ zum Zentrum der Milchstrasse in einer runden Bahn bewegt. Die Sonne ist hierbei wie ein Komet, welcher die Planeten mit sich zieht. Eine imposante Visualisierung ist unter anderem auf dem YouTube-Kanal von DjSadhu zu finden:

https://www.youtube.com/watch?v=0jHsq36_NTU

**Zu Meme Nr. 78: «Uns nerven Milliardäre im Orbit, aber wir konsumieren täglich 4340 Fussballfelder Regenwald.»**

Quellen:

https://www.zdf.de/nachrichten/panorama/jeff-bezos-weltraum-kritik-100.html

https://www.srf.ch/news/international/entwaldung-des-amazonas-pro-tag-werden-4340-fussballfelder-regenwald-abgeholzt

**Zu Meme Nr. 97: «Der schiefe Turm von Pisa: 43° 43' 23" N 10° 23' 48" E»**

Quelle:

https://structurae.net/de/bauwerke/schiefer-turm-von-pisa

# Bildnachweise

Ackles, Gustavo (2020): Jupiter, Feb. 23, 2020, Pixabay License: Free for commercial use, No attribution required, https://pixabay.com/photos/space-jupiter-astronomy-universe-4869815/

Ales, Krivec (2020): Moon Rising Behind the Snow Capped Mountain, Uploaded at December 01, 2020, Taken at April 08, 2020 6:37 am, License: Free to use, No attribution required, Fotografenwebseite: https://www.pexels.com/@dreamypixel, https://www.pexels.com/photo/moon-rising-behind-the-snow-capped-mountain-6047285/

Amé, Jules (2020): Full Moon over Trees, Taken at February 18, 2019 8:47 pm, Uploaded at February 11, 2020, License: Free to use, No attribution required, https://www.pexels.com/photo/snow-light-dawn-landscape-3720240/

Burdyka, Valeria (ohne Jahr): Red Cherries, License, Free to use, No attribution required, Bild nicht mehr auf Pexels verfügbar, https://www.pexels.com/photo/red-cherries-3614942/

. . .

Butz, Janik (2020): Starry Night Sky, Uploaded at June 19, 2020, Taken at June 13, 2020 12:35 am, Fotografenwebseite: https://www.pexels.com/@janikbutz, Pexel-Lizenz: Free to use, https://www.pexels.com/photo/starry-night-sky-4691329/

Big_Heart (2017): Blätter im Herbst - Ginkgo, Erstellt: 3. November 2017, Zuletzt geändert 4. Oktober 2019, Pixabay License: Freie kommerzielle Nutzung, Kein Bildnachweis nötig, https://pixabay.com/de/photos/bl%C3%A4tter-im-herbst-herbst-ginkgo-4522102/

Bjørkli, Tobias (2018): Aurora Lichter, Hochgeladen am 14. Dezember 2018, Aufgenommen am Samstag, 08. Dezember 2018, 19:01 Uhr, Userprofil: https://www.pexels.com/de-de/@tobias-bjorkli-706370, https://www.pexels.com/de-de/foto/aurora-lichter-1693095/

Casey, Cameron (2018): Sears Tower, Usa, Lizenz: Kostenlose Nutzung, Keine Namensnennung erforderlich, Hochgeladen am 24. Dezember 2018, https://www.pexels.com/de-de/foto/sears-tower-usa-1722183/

Chevanon Photography (2017): Scenic View of Sea Against Sky during Sunset, Uploaded at February 25, 2017, License: Free to use, No attribution required, , Fotografenseite: https://www.pexels.com/@chevanon, https://www.shutterstock.com/g/chevanon%20?ref=pexels, https://www.pexels.com/photo/scenic-view-of-sea-against-sky-during-sunset-333525/

Chou, Arnie (2018): Scenic View of Rainforest, Taken at April 30, 2016 7:22 am, Uploaded at March 09, 2018, License: Free to use, No attribution required, Fotografenseite: https://www.pexels.com/@arniechou-304906, https://www.pexels.com/photo/scenic-view-of-rainforest-927414

Cifruktus (ohne Jahr): Andromeda-Galaxie Raum Astronomie, Bilderseite nicht mehr auffindbar, https://pixabay.com/de/photos/andromeda-galaxie-raum-astronomie-3513726/

Cook, André (ohne Jahr): Bildeseite nicht mehr auffindbar, https://www.pexels.com/photo/green-grass-field-and-green-tress-during-day-time-131723/

Cornelissen, Hendrik (2019): Five Zebra Grazing on Grass Field, Tanzania, Uploaded at August 29, 2019, Taken at July 11, 2018 7:39 am, Fotografenseite: https://www.pexels.com/@hendrikcornelissen, https://www.pexels.com/photo/five-zebra-grazing-on-grass-field-2862070/

D'Arby, Tom (2020): landschaft-sand-wuste-trocken, Qobustan, Azerbaijan, Hochgeladen am 21. November 2020, Lizenz: Kostenlose Nutzung, Keine Namensnennung erforderlich, , Aufgenommen am Freitag, 10. April 2015, 14:31 Uhr, Fotografenseite: https://www.pexels.com/de-de/@tom-d-arby-3904203, https://www.pexels.com/de-de/foto/landschaft-sand-wuste-trocken-5949018/

Dimitrov, Venelin (2019): Lila Blumenfeld Während Des Sonnenuntergangs, Hochgeladen am 29. Dezember 2019, Aufgenommen am Samstag, 16. Juni 2018, Lizenz: Kostenlose Nutzung, Keine Namensnennung erforderlich, https://www.pexels.com/de-de/foto/lila-blumenfeld-wahrend-des-sonnenuntergangs-3476312/

. . .

discovery.sndimg.com (ohne Jahr): Stegosaurus, Seit enicht mehr erreichbar, https://discovery.sndimg.com/content/dam/images/discovery/editorial/Curiosity/2020/3/Stegosaurus_Getty_Images.png.rend.hgtvcom.616.347.suffix/1583192893524.png

Dodd, Alexander (2018): Ram Tiere In Der Nähe Von Bergen Unter Grauem Himmel, Hochgeladen am 11. Dezember 2018, Aufgenommen am Donnerstag, 31. März 2016, 17:35 Uhr, Lizenz: Kostenlose Nutzung, Keine Namensnennung erforderlich, https://www.pexels.com/de-de/foto/ram-tiere-in-der-nahe-von-bergen-unter-grauem-himmel-1685108/

ESA (2010): Hubble captures view of 'Mystic Mountain', 23/04/2010, , NASA, ESA, and M. Livio and the Hubble 20th Anniversary Team (STScI), https://www.esa.int/About_Us/ESA_history/Starry-eyed_Hubble_celebrates_20_years_of_awe_and_discovery

Fietz, Albrecht (2019): regenbogen-wolke-abendsonne-regen, Erstellt: 10. März 2019, https://pixabay.com/de/photos/regenbogen-wolke-abendsonne-regen-4047523/

Francis, Maxime (2017): Bird's Eye View Of City, Bild vom Jul 5, 2017, Lizenz: Free to use, No attribution required, https://www.pexels.com/photo/bird-s-eye-view-of-city-2246476,

Free-Photos (ohne Jahr), Bild nicht mehr auffindbar, https://pixabay.com/de/photos/paris-eiffelturm-frankreich-843229

Gic, Anna (2014), london-brücke-sonnenuntergang-stadt, Pixabay License: Freie kommerzielle Nutzung, Kein Bildnachweis nötig,

Zuletzt geändert 9. Dezember 2014, https://pixabay.com/de/photos/london-br%C3%BCcke-sonnenuntergang-stadt-557007/

Goulson, Phil (2019): Time Lapse Photo Of City, Singapore, Uploaded at March 24, 2019, Taken at April 12, 2018 8:08 pm, License: Free to use, No attribution required, Fotografenseite: https://www.pexels.com/@phil-goulson-1001118,https://www.pexels.com/photo/time-lapse-photo-of-city-2058911/

Greg (2021): Landschaft - Berge - Natur - Sand, Hochgeladen am 7. Februar 2021, Aufgenommen am Samstag, 18. Oktober 2014, 05:28 Uhr, Lizenz: Kostenlose Nutzung, Keine Namensnennung erforderlich, https://www.pexels.com/de-de/foto/landschaft-berge-natur-sand-6741490/

Grisenti, Gianluca (2020): Old houses on green hillside behind foggy mountain in evening, Italia, Uploaded at April 22, 2020, License: Free to use, No attribution required, Fotografenseite: https://www.pexels.com/@grisentig, https://www.pexels.com/photo/old-houses-on-green-hillside-behind-foggy-mountain-in-evening-4215110/

Grossgasteiger, Eberhard (2018): Scenic View Of Rocky Mountain During Evening, Lizenz: Free to use, No attribution required, Uploaded at November 21, 2018, alter Link: https://www.pexels.com/de-de/foto/brown-rocky-mountain-fotografie-2098427/, neuer Link: https://www.pexels.com/photo/scenic-view-of-rocky-mountain-during-evening-1624438/

Grossgasteiger, Eberhard (2019): Mountain during Golden Hour, Uploaded at May 21, 2019, License: Free to use, No attribution required, Fotografenseite: https://www.pexels.com/@eberhardgross,

https://www.pexels.com/photo/mountain-during-golden-hour-2347011/

heise.de (2016): NASA-Sonde Cassini: Spektakuläre Pläne fürs letzte Jahr am Saturn, https://heise.cloudimg.io/v7/_www-heise-de_/imgs/18/1/8/9/2/3/7/4/pia21046_main-25356806b1f7dd68.jpeg?q=50&width=1220, Cassinis Blick auf den Saturn, Bild: NASA/JPL-Caltech/Space Science Institute, https://www.heise.de/newsticker/meldung/NASA-Sonde-Cassini-Spektakulaere-Plaene-fuers-letzte-Jahr-am-Saturn-3326581.html

Ivanov, Toni: (2018): Worm's Eye View Of Building Under A Starry Night, Uploaded at September 27, 2018, Pexels-Lizenz: Free to use, No attribution required, https://www.pexels.com/photo/worm-s-eye-view-of-building-during-night-1454379/

Kerckx, Ben (ohne Jahr): tuscany-italien-tourismus, Pixabay License: Freie kommerzielle Nutzung, Kein Bildnachweis nötig, , Foto nicht mehr auf Pixabay auffindbar, https://pixabay.com/de/photos/tuscany-italien-tourismus-4731562/

Kasuma (ohne Jahr): Berge mit Schnee bedeckt, Fotoseite nicht mehr auffindbar, https://www.pexels.com/de-de/foto/berge-mit-schnee-bedeckt-1785493/

Kovalev, Alexander (2019): Grayscale Photography of Waiting Shed Near Open Road at Night, May 24, 2019 5:09 am, https://www.pexels.com/photo/grayscale-photography-of-waiting-shed-near-open-road-at-night-2371013/

. . .

Kumari, Riya (2021): White Fluorescent Light on Black Tile, Uploaded at July 31, 2021, Mumbai-India, Taken at April 15, 2020 5:40 pm, License: Free to use, No attribution required,, Fotografen-webseite: https://www.pexels.com/@riyakumari08, https://www.pexels.com/photo/wood-light-sunny-people-9003423/

Lacy, Kelly (2019): Low-angle Photo of Green Trees, Uploaded at July 21, 2019, Taken at July 21, 2019 12:09 am, License: Free to use, No attribution required, Fotografenseite: https://www.pexels.com/@kelly-l-1179532, https://www.pexels.com/photo/low-angle-photo-of-green-trees-2688661/

Life of Pix (2015): Lighted Cityscapes at Night Time, Uploaded at August 11, 2015, License: Free to use, No attribution required, Fotografenseite: https://www.pexels.com/@life-of-pix, https://www.pexels.com/photo/lighted-cityscapes-at-night-time-8047/

Mashkov, Igor (2020): Weiße Satellitenschüssel Unter Blauem Himmel, Hochgeladen am 29. Dezember 2020, Aufgenommen am Dienstag, 22. September 2020, 16:56 Uhr, Lizenz: Kostenlose Nutzung, keine Namensnennung erforderlich, https://www.pexels.com/de-de/foto/weisse-satellitenschussel-unter-blauem-himmel-6325003/

M'Siouri, Amine (2015): Desert, uploaded: Uploaded at April 05, 2019, Picture taken: September 27, 2015 1:36 am, https://www.pexels.com/photo/desert-2100387

NASA (1969): Bootprint, 21. Juli 1969, fotografiert von Buzz Aldrin, https://de.wikipedia.org/wiki/Datei:Apollo_11_bootprint.jpg

. . .

NASA (1968): Earthrise, https://www.nasa.gov/multimedia/imagegallery/image_feature_1249.html

NASA (1972): Blue Marble, aufgenommen von Apollo 17 am 7. Dezember 1972, https://www.nasa.gov/multimedia/imagegallery/image_feature_329.html

NASA (1972, 2): Panoramabild: Apollo 17, Diese Datei ist gemeinfrei (public domain), https://de.wikipedia.org/wiki/Datei:Apollo_17_Moon_Panorama.jpg

NASA (1972, 3): Gene Gernan auf dem Mond, https://www.nasa.gov/sites/default/files/thumbnails/image/cernan_on_moon.jpg

NASA (1980): Saturn - Voyager 1, NASA, Voyager 1 color-enhanced image of Saturn taken on 18 October 1980, 25 days before closest approach, https://nssdc.gsfc.nasa.gov/imgcat/html/object_page/vg1_p22994c.html, https://commons.wikimedia.org/w/index.php?curid=5956746

Nasa/JPL/Cornell University (ohne Jahr) in: Banner, Tanja (2020): Roter Planet, Woher kommt Sauerstoff auf dem Mars? Forscher stehen vor einem Rätsel, Frankfurter Rundschau, NASA/JPL/Cornell University, https://www.fr.de/wissen/mars-roter-planet-sauerstoff-atmosphaere-curiosity-universum-weltall-sonnensystem-kosmos-zr-13220249.html

NASA (1998): Saturn With Rhea and Dione (false color), Aug 28, 1998, https://www.jpl.nasa.gov/images/saturn-with-rhea-and-dione-false-color

• • •

NASA (2002): The western hemisphere of the Blue Marble, created in 2002, NASA's Earth Observatory, https://www.nasa.gov/sites/default/files/thumbnails/image/1-bluemarble_west.jpg

NASA (2007): Resources, Neon Saturn, May 31, 2007, https://solarsystem.nasa.gov/resources/13625/neon-saturn/

NASA (2008): The Colors of Saturn, Mar 23, 2008, Image credit: NASA/E. Karkoschka (University of Arizona), https://www.nasa.gov/multimedia/imagegallery/image_feature_778.html

NASA (2010): Earth and Moon from Mercury, Looking back from its orbit around Mercury, MESSENGER captured this view of Earth and the Moon on May 6, 2010,

https://eoimages.gsfc.nasa.gov/images/imagerecords/45000/45710/earthmoon_mwc_2010126_lrg.png, https://earthobservatory.nasa.gov/images/45710/earth-and-moon-from-mercury

NASA (2013): Buzz Aldrin on the Moon, Jul 11, 2013, https://www.nasa.gov/mission_pages/apollo/40th/images/apollo_image_12.html

NASA (2018): Lagoon Nebula (Visible-light View), Apr 19, 2018, https://www.nasa.gov/feature/goddard/2018/lagoon-nebula-visible-light-view

NASA (2021): Unique Solar System Views from NASA Sun-Studying Missions, Jan 26, 2021, https://www.nasa.gov/feature/goddard/2021/unique-solar-system-views-from-nasa-sun-studying-missions

. . .

NASA in: mdr.de (2018): So weit liegen Erde und Mond in Wirklichkeit auseinander, Stand: 07. Januar 2018, 05:00 Uhr, https://www.mdr.de/wissen/foto-so-weit-sind-erde-und-mond-voneinander-entfernt-100.html

Olson, Elizabeth (2021): Erde-Weltraum-Sonne-Sterne, Lizenz: Kostenlose Nutzung, Keine Namensnennung erforderlich, Hochgeladen am 14. Oktober 2021, Aufgenommen am Montag, 21. August 2017, 13:30 Uhr, https://www.pexels.com/de-de/foto/erde-weltraum-sonne-sterne-9896216/

Pascual, Marc (2018):romanescu-romanesco, Zuletzt geändert 6. April 2018, https://pixabay.com/de/photos/romanescu-romanesco-gem%C3%BCse-3297134/

Petersson, Jonathan (2018): Brown and Green Grass Field during Sunset, Uploaded at July 14, 2018, Taken at July 03, 2018 10:42 pm, License: Free to use, No attribution required, Fotografenseite: https://www.pexels.com/@grizzlybear, https://www.pexels.com/photo/brown-and-green-grass-field-during-sunset-1237119/

photoglob.ch (ohne Jahr): Grütschalp-Mürren 1487 m/4888 ft. Eiger, Mönch, Postkarte Nr. 1328

Photoglob (ohne Jahr): Grütschalp-Mürren 1487 m/4888 ft. Eiger, Mönch, Postkarte, Photoglob Zürich/Vevey, Postkarte Nr. 13280, photoglob.ch

Pixabay (2016): Painting of Red Planet, Quelle: Pixabay, Uploaded at April 20, 2016, Lizenz: Free to use, No attribution required, https://www.pexels.com/photo/sun-fire-hot-research-87611

. . .

Pixabay (2016, 2): Black Wooden Fence on Snow Field at a Distance of Black Bare Trees,Taken at February 16, 2012 2:24 pm, License, Free to use, No attribution required, Uploaded at March 27, 2016, https://www.pexels.com/photo/black-wooden-fence-on-snow-field-at-a-distance-of-black-bare-trees-65911/

Pixabay (2016, 3): Woman sitting on a wall, Erstellt 27. Mai 2016, Zuletzt geändert 29. November 2016, https://pixabay.com/de/photos/blondine-sitzung-mauer-geb%c3%a4ude-1867768/

Pixabay (2016, 4): Fahrzeug Auf Der Straße Zur Goldenen Stunde, Hochgeladen am 23. Oktober 2016, Aufgenommen am Samstag, 20. August 2016, 18:10 Uhr, https://www.pexels.com/de-de/foto/fahrzeug-auf-der-strasse-zur-goldenen-stunde-210182/

Pixabay (2016, 5): Rosa Blumen Nahe Berg Bedeckt Durch Schnee, Hochgeladen am 20. Januar 2016, https://www.pexels.com/de-de/foto/rosa-blumen-nahe-berg-bedeckt-durch-schnee-36478/

Pixabay (2016, 6): Grand Canyon Unter Schwarzem Himmel Mit Blitz Während Des Tages, Hochgeladen am 23. August 2016, https://www.pexels.com/de-de/foto/grand-canyon-unter-schwarzem-himmel-mit-blitz-wahrend-des-tages-144244/

Pixabay (2016, 7):Green Mountain Under Blue Sky, Uploaded at April 29, 2016, Taken at October 24, 2013 9:11 am, License: Free to use, No attribution required, https://www.pexels.com/photo/green-mountain-under-blue-sky-90766/

. . .

Pixabay (2016, 8): Planet Earth, Uploaded at November 05, 2016, Taken at May 21, 2016 10:08 pm, Lizenz: Free to use (CC0): Use all photos for free for commercial and noncommercial purposes, Giving credit to the photographer or Pexels is not required but appreciated, You can edit and adapt the photos as you like, https://www.pexels.com/photo/planet-earth-220201/

Pixabay (2017): Skyline City, Uploaded at March 31, 2017, Lizenz: Free to use, No attribution required, https://www.pexels.com/photo/architecture-buildings-city-cityscape-366283/

Pixabay (2017, 2): Gray Asphalt Road Surrounded by Tall Trees, Uploaded at July 20, 2017, Taken at July 16, 2017 7:26 am, License: Free to use, No attribution required, https://www.pexels.com/photo/gray-asphalt-road-surrounded-by-tall-trees-531321/

Pixabay (ohne Jahr, 2): Photo of the Moon, Seite nicht mehr auffindbar, https://www.pexels.com/photo/photo-of-moon-47367/

Plenio, Johannes (2018): Sunset on rainforest, Taken at August 15, 2014 5:34 pm, Uploaded at May 30, 2018, License: Free to use, No attribution required, https://www.pexels.com/photo/sunset-on-rain-forest-1125776/

Plenio, Johannes (2018, 2): Brown Dock during Sunset, Uploaded at May 20, 2018, Taken at January 20, 2016 7:59 am, Fotografenseite: https://www.pexels.com/@jplenio, License: Free to use, No attribution required, , https://www.pexels.com/photo/brown-dock-during-sunset-1102918/

. . .

Pro, Tomasz (2015): Erstellt: 21. August 2015, Zuletzt geändert 30. September 2017, Pixabay License: Freie kommerzielle Nutzung, Kein Bildnachweis nötig, https://pixabay.com/de/photos/wolken-himmel-blau-drachen-2802796/

qimono (ohne Jahr): sun in the sky during night time, Pixabay License: Freie kommerzielle Nutzung, Kein Bildnachweis nötig, https://pixabay.com/de/illustrations/erde-raum-sonnenlicht-1756274/

Rie, Pok (2020): Bentong, Malaysia, Uploaded at July 12, 2020, Taken at July 07, 2020 10:47 am, License: Free to use, No attribution required, Fotografenwebseite: https://www.pexels.com/@pok-rie-33563, https://www.pexels.com/photo/drone-view-curvy-road-running-through-lush-woodland-4856367/

Roseclay, Dominika (2018): Küste Während Der Nacht, Hochgeladen am 31. März 2018, Aufgenommen am Dienstag, 06. März 2018, 14:38 Uhr, Lizenz: Kostenlose Nutzung, Keine Namensnennung erforderlich, Fotografenseite: https://www.pexels.com/de-de/@punchbrandstock, https://www.pexels.com/de-de/foto/kuste-wahrend-der-nacht-977736/

Saint John Astronomy Club (2017): Our place in the Milky Way, September 14, 2017 960 × 720 Learning the Night Sky, http://sjastronomy.ca/learning-night-sky/our-place-in-the-milky-way

Sayles, Brett (2019): White Type C Motorhome on Road Near Red Traffic Light, Licence: Free to use, No attribution required, Uploaded at February 06, 2019, February 01, 2019 6:50 pm, https://www.pexels.com/photo/white-type-c-motorhome-on-road-near-red-traffic-light-1878359/

Shevtsova, Daria (2018): Black Steel Lamp Post, Uploaded at May 05, 2018, Taken at September 11, 2015 2:30 pm, https://www.pexels.com/photo/black-steel-lamp-post-1070945

Silver, Julius (2014): Madrid - Spain, Erstellt 11. September 2014, Zuletzt geändert 19. Dezember 2017, Pixabay License: Freie kommerzielle Nutzung, Kein Bildnachweis nötig, https://pixabay.com/de/photos/madrid-spain-stra%C3%9Fe-3021998/

Saranin, Artem (2018): Gasoline Station during nighttime, Taken at September 20, 2018 12:17 am, Uploaded at September 26, 2018, https://www.pexels.com/photo/gasoline-station-during-nighttime-1453781

Scramgnon, Bruno (ohne Jahr): Evening Sun Brasil Rio de Janeiro, Seite nicht mehr auffindbar, https://www.pexels.com/photo/evening-sun-brasil-rio-de-janeiro-6097193/

Seshappan, Siva (2021): snow-dawn-landscape-apple, Uploaded at July 09, 2021, License: Free to use, No attribution required, Fotografenwebseite: https://www.pexels.com/@optically-challenged, Taken at February 27, 2021 7:07 pm, https://www.pexels.com/photo/snow-dawn-landscape-apple-8675191/

SpaceX (2015): weltraum-galaxis-universum-rakete, Hochgeladen am 30. Dezember 2015, Lizenz: Kostenlose Nutzung (CC0): Nutze alle Fotos kostenlos für nicht-kommerzielle und kommerzielle Zwecke. Dem Fotografen oder Pexels zu erwähnen ist nicht verpflichtend, aber wir würden uns darüber freuen. Du kannst die Fotos bearbeiten und sie anpassen, https://www.pexels.com/de-de/foto/weltraum-galaxis-universum-rakete-23769/

• • •

SpaceX (2017): White outer space satellite, Taken at April 20, 2014 12:19 pm, Uploaded at September 15, 2017, License: Free to use, No attribution required, https://www.pexels.com/photo/white-outer-space-satellite-586056/

Smith, Harman und Generosa, Laura (2005): Solar System, Harman Smith and Laura Generosa (nee Berwin), graphic artists and contractors to NASA's Jet Propulsion Laboratory. - http://prometheus.jpl.nasa.gov/contentImages/solar_sys_br.jpg
(original source URL under which the file is not accessible anymore, not even at archive.org, because the whole domain went offline -- this URL, however, with special regard to the PD status of the file, is cited in the coeval paper Do we belong in this universe? (and how could we know?) (PDF of a .ppt file, see p. 11 therein)), https://gn.wikipedia.org/wiki/Kuarahy_Ypykatu#/media/Ta'%C3%A3nga:Solar_sys.jpg

Springel et al. (2005) in: Max Planck-Institut für Astrophysik (2005): Millennium Simulation, Galaxy Formation Group, https://wwwmpa.mpa-garching.mpg.de/galform/virgo/millennium/index.shtml

Suter, Benjamin (2019): Person walking on street between buildings, November 15, 2019 9:37 am, Lizenz: Free to use, No attribution required, https://www.pexels.com/photo/person-walking-on-street-between-buildings-3617457

Suter, Benjamin (2019, 2): Aerial Shot Of Buildings, Chicago, Uploaded at April 24, 2019, Taken at April 12, 2019 11:35 pm, License: Free to use, No attribution required, Fotografenseite: https://www.pexels.com/@benjaminjsuter, https://www.pexels.com/photo/aerial-shot-of-buildings-2225232/

. . .

Szelei, Robert (ohne Jahr): Bilderseite nicht mehr auffindbar, https://www.pexels.com/de-de/foto/segelboot-segeln-auf-dem-wasser-in-der-nahe-der-insel-1482193/, Fotografenseite: https://www.pexels.com/search/Szelei,%20Robert/

Tatiana (2017): Black Asphalt Road Surrounded by Green Grass, Uploaded at October 12, 2017, Taken at August 30, 2017 7:54 pm, Photo by Tatiana from Pexels, https://www.pexels.com/photo/black-asphalt-road-surrounded-by-green-grass-614484/

The Bendu Order (2020): Sun Compared to Stephenson 2-18: The New Largest Known Star, Bigger than UY Scuti • (2K) • 2021, https://www.youtube.com/watch?app=desktop&v=m0PZNkq1ws4

tomchill (ohne Jahr): feuerwerk-hafen-blau-rosa-nacht, Pixabay License: Freie kommerzielle Nutzung, Kein Bildnachweis nötig, https://pixabay.com/de/photos/feuerwerk-hafen-blau-rosa-nacht-4021214/

Ungaro, Francesco (2020): Luminous full moon on dark sky, Taken at June 06, 2020 1:00 am,Uploaded at June 14, 2020, https://www.pexels.com/photo/luminous-full-moon-on-dark-sky-4649391,

valdazf (2017): chili moruga cayenepepper elefant, Freie kommerzielle Nutzung, Kein Bildnachweis nötig, https://pixabay.com/de/users/valdazf-7049241/?utm_source=link-attribution&utm_medium=referral&utm_campaign=image&utm_content=4468055

Valera268268 (ohne Jahr): sonne-planeten-das-sonnensystem, Userprofil https://pixabay.com/de/users/valera268268-2879777/,

Mitglied seit 7. Juli 2016, Pixabay License: Freie kommerzielle Nutzung, Kein Bildnachweis nötig, https://pixabay.com/de/illustrations/sonne-planeten-das-sonnensystem-1506019/

Van Dijk, Bianca (2020): dinosaurier-t-rex-tier-reptil-dino, Pixabay License: Freie kommerzielle Nutzung, Kein Bildnachweis nötig, Erstellt 16. Februar 2020, Zuletzt geändert 17. Januar 2021, https://pixabay.com/de/photos/dinosaurier-t-rex-tier-reptil-dino-5909153/, Fotografinnenseite: https://pixabay.com/de/users/biancavandijk-9606149/

Vera, Orlando (2018): Bird's Eye View of City During Sunset, Taken at December 11, 2017 6:32 am, Uploaded at January 24, 2018, https://www.pexels.com/photo/bird-s-eye-view-of-city-during-sunset-822321/

Volz, Timo (2018): Seascape Under Sunlight Covered by Clouds, Uploaded at December 23, 2018, Taken at October 06, 2018 4:59 pm, License: Free to use, No attribution required,, Fotografenwebseite: https://www.pexels.com/@timo-volz-837240, https://www.pexels.com/photo/seascape-under-sunlight-covered-by-clouds-1717868/

Von Werne, Jonas (2021): Stars in the Sky during Night Time, License: Free to use, No attribution required, Uploaded at March 11, 2021, Taken at April 27, 2020 2:27 am, Fotografenseite: https://www.pexels.com/@jonasvonwerne, https://www.pexels.com/photo/stars-in-the-sky-during-night-time-7108185/

Walkerssk (2016): kuala-lumpur-petronas-twin-towers-1820944, Pixabay License: Freie kommerzielle Nutzung, Kein Bildnachweis nötig, Zuletzt geändert 21. November 2016, , https://pixabay.com/

de/photos/kuala-lumpur-petronas-twin-towers-1820944/, Fotografenseite: https://pixabay.com/de/users/walkerssk-1409366/

Whelen, Pat (2021): Uploaded at January 02, 2021, Taken at January 01, 2019 2:40 pm, Fotogafenseite: https://www.pexels.com/@pat-whelen-2913248, License: Free to use, No attribution required, https://www.pexels.com/photo/light-italian-landscape-nature-6369229/

Wulschlaeger, Holger (2020): Green Palm Tree Near Body of Water, Uploaded at August 06, 2020, Taken at October 19, 2012 7:27 am, Lizenz: Free to use, No attribution required, Fotografenwebseite: https://www.pexels.com/@hwmedia, https://www.pexels.com/photo/sea-beach-vacation-sand-5044866/

Zoltan, K (2017): Sunflower Garden Under Blue Sky, Uploaded at August 02, 2017, July 07, 2017 9:37 am, https://www.pexels.com/photo/sunflower-garden-under-blue-sky-544554

ISBN 978-3-9525584-1-6

www.ingramcontent.com/pod-product-compliance
Lightning Source LLC
LaVergne TN
LVHW021206071026
849580LV00001BC/27
* 9 7 8 3 9 5 2 5 5 8 4 1 6 *